3D
咖啡
制作入门

王森 主编

中国轻工业出版社

图书在版编目（CIP）数据

3D咖啡制作入门 / 王森主编. —北京：中国轻工业
出版社，2015.2

ISBN 978-7-5184-0041-6

Ⅰ. ① 3… Ⅱ. ① 王… Ⅲ. ① 咖啡 – 配制 Ⅳ.① TS273

中国版本图书馆CIP数据核字（2014）第258252号

责任编辑：马　妍　　　责任终审：劳国强　　封面设计：奇文云海
版式设计：奇文云海　　责任校对：李　靖　　责任监印：张　可

出版发行：中国轻工业出版社（北京东长安街6号，邮编：100740）
印　　刷：北京顺诚彩色印刷有限公司
经　　销：各地新华书店
版　　次：2015年2月第1版第1次印刷
开　　本：787×1092　1/16　印张：12.5
字　　数：200千字
书　　号：ISBN 978-7-5184-0041-6　定价：48.00元
邮购电话：010-65241695　传真：65128352
发行电话：010-85119835　85119793　传真：85113293
网　　址：http://www.chlip.com.cn
Email：club@chlip.com.cn
如发现图书残缺请直接与我社邮购联系调换
140544J4X101ZBW

　　对于许多人来说，咖啡只是一种美味的饮品，而对于艺术家来说，它摇身一变成为了一款艺术品。在咖啡拉花日益盛行的今日，3D咖啡惊艳登场，以其创意十足、生动可爱的形象，迅速被咖啡爱好者接受和喜爱。

　　以英文单词、卡通形象为基本形象，在热气腾腾的咖啡上用奶泡绘制生动的图案。3D形象，因立体而生动可爱；咖啡手绘，因精致而美丽动人。无限的创意空间使得作品中奶泡所构建的立体角色更加栩栩如生，其精致程度之高让人不忍将它喝掉。

　　本书共汇集了100多款3D咖啡作品，包含了以奶泡为基础构建的浮雕、立体3D咖啡和以棉花糖、小翻糖、蛋白饼、马卡龙、奥利奥饼干等为辅助的唯美3D咖啡。3D咖啡的精致动人，在于它无穷的创意，丰富的想象力和精湛的技术，缺一不可。醉心于此，将步入一座焕然一新的咖啡殿堂。

　　爱生活，爱咖啡。以梦为马，在艺术的创造和享受中奔驰，愿此书能对您有所裨益，相互学习，共同进步。

目 录 | Contents

 # 理论篇

一杯咖啡，一本书，一段时光。

悠扬的音乐响起，阳光忽然明媚起来。

靠着酥软的沙发，就这样安静地小憩。

岁月开始缓慢，流年趋于静止。

回头看走过的路，会心地一笑。

| 工具 |

半自动咖啡机

半自动咖啡机，俗称搬把子机，是意大利传统的咖啡机。这种机器依照人工操作磨粉、压粉、装粉、冲泡、清除残渣。这类机器有小型单龙头家用机，也有双龙头、三龙头大型商用机等，较新型的机器还装有电子水量控制，可以精确地自动控制咖啡的加水量。

半自动咖啡机是相对于全自动咖啡机而言的。

"自动"是指填豆、压粉之后只需要旋一下旋钮或者按一下按键，即可得到心仪的咖啡；而"半自动"则不能磨豆，只能使用咖啡粉。

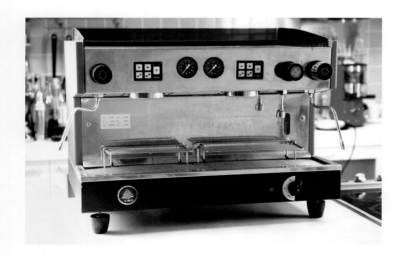

严格来说，半自动咖啡机才称得上是专业咖啡机。因为一杯咖啡的品质不但与咖啡豆（粉）的品质有关，还与咖啡机本身有关，更与煮咖啡者的技术有关。而所谓的技术，无非是温杯、填粉、压粉。半自动咖啡机需要操作者自己填粉和压粉。每个人的口味不同，对咖啡的要求自然不同。半自动咖啡机可以通过操作者自己选择粉量的多少和压粉的力度来提供口味各不相同的咖啡，故称之为真正专业的咖啡机。世界级的咖啡机有FAEMA半自动咖啡机、RANCILIO半自动咖啡机和金巴利咖啡机。

这一类机器主要在意大利生产，并且非常流行。它的主要特点是：机器结构简单，工作可靠，维护保养容易，按照正确的使用方法可以制作出高品质的意大利咖啡。这种机器的缺点是：操作者要经过严格培训才能制作出高品质的咖啡。

半自动浓缩咖啡机具有以下几个特点：

- 提取咖啡的水是恒温的，不管是多频繁地制作浓缩咖啡；
- 在提取过程中泵压稳定；
- 浓缩咖啡机最好有预浸段；
- 蒸汽恒压且干燥，操作方便。

清洁保养

每日清洁保养工作：

1. 咖啡机机身清洁：每日开机前用湿抹布擦拭机身，如需使用清洁剂，请选用温和不具腐蚀性的清洁剂将其喷于湿抹布上再擦机身（注意抹布不可太湿，清洁剂更不可直接喷于机身上以防多余的水和清洁剂渗入电路系统，侵蚀电线造成短路）。

2. 蒸煮头出水口：每次制作完成后将手把取下并按清洗键，将残留在蒸煮头内及滤网上的咖啡渣冲下，再将手把嵌入接座内（注意：此时不要将手把嵌紧），按清洗键并左右摇晃手把以冲洗蒸煮头垫圈及蒸煮头内侧的咖啡渣。

3. 蒸汽棒：使用蒸汽棒制作奶泡后需将蒸汽棒用干净的湿抹布擦拭并再开一次蒸汽开关键，借助蒸汽本身喷出的冲力及高温清洁喷气孔内残留的牛奶污垢，以维持喷气孔的畅通；如果蒸汽棒上有残留牛奶的结晶，请将蒸汽棒用装入八分满热水的钢杯浸泡，以软化喷气孔内及蒸汽棒上的结晶，二十分钟后移开钢杯，并重复上述第一段的操作。

4. 锅炉：为延长锅炉的使用寿命，如果长时间不使用机器，请将电源关闭并打开蒸汽开关，锅炉内压力完全释放，待锅炉压力表指示为零，蒸汽不再喷出后再清洗盛水盘和排水槽（注意：此时不要关蒸汽开关，等隔天开机后蒸汽棒有热水滴出时再关闭以平衡锅炉内外压力）。

5. 盛水盘：开店前或使用前将盛水盘取下用清水抹布擦洗，待干后装回。

6. 排水槽：取下盛水盘后用湿抹布或餐巾纸将排水槽内的沉淀物清除干净，再用热水冲洗，使排水管保持畅通，如果排水不良时可将一小匙清洁粉倒入排水槽内用热水冲洗，以溶解排水管内的咖啡渣油。

7. 滤杯及滤杯手把：每日至少将手把用热水清洗一次，溶解出残留在手把上的咖啡油脂及沉淀，以免蒸煮过程中部分油脂和沉淀物流入咖啡中，影响咖啡品质。

8. 冲泡系统及滤杯手把：将任一滤杯手把的滤杯取下，更换成清洗消毒用的无孔滤杯，将一小匙清洁粉（2～3克）置入滤杯中，将滤杯把手嵌入接座中并检查是否完全密合，再按下清洗键2～3秒后按键停止，如此重复数次后再将手把放松，按下清洗键并左右摇晃手把以冲洗蒸煮头垫圈及蒸煮头内侧直至滤杯内的水变成干净无色为止，清洁完成后取下手把清洗键使冲泡系统内残留的清洁液流出；约1分钟后按键停止，试煮一杯咖啡，去除清洁后的异味。若有多个出水口，其他出水口也重复上述步骤进行清洁保养工作。

每周清洁保养工作：

1. 出水口：取下出水口内的蒸煮铜头及网（如果机器刚使用过注意避免高温烫手），浸泡（1000毫升热水与三小匙清洁粉混合）一天，将咖啡油渣、堵塞物由铜头滤孔用清水冲洗所有配件，并用干净柔软的湿抹布擦洗；检查铜头滤孔是否都畅通，如有堵塞请用细铁丝或针小心清通；装回所有配件。

2. 滤杯及滤杯把手：分解滤杯及滤杯把手并浸泡至清洁液中（500毫升热水与三小匙清洁粉混合）一天，将残留的咖啡油渣溶解释出（注意：手把塑胶部分不可浸泡至清洁液中，以免手把塑胶表面遭清洁液腐蚀；用清水冲洗所有配件，并用干净柔软的湿抹布擦洗；装回所有配件）。

每月、季清洁保养工作：

1. 滤水器：检视，更换第一道、第二道滤水器滤心，建议每月更换一次；

2. 软水器：检视、再生第三道软水器，步骤如下：将水源关闭；将第三道软水器取出清洗，放入浓度为10%的盐水中浸泡。

磨豆机

只要把咖啡豆添加到豆槽，调整到适合的磨豆刻度，按下开关，磨豆机就能正常工作了。磨豆机的保养也很重要，每天用完后，请把没用完的咖啡豆或磨好的咖啡粉装入保鲜膜，或者密封起来，用餐巾纸或干净的抹布把咖啡的油迹擦干。

小型搅拌机

小型搅拌机可以打发鲜奶油。

拉花杯

在拉花咖啡制作中，拉花杯是最易被忽视的一个工具，但其作用也不容小觑。奶泡对温度的要求比较高，只有在60~80℃的时候才会产生品质最好的奶泡。可以通过不锈钢的拉花杯来感觉牛奶的温度，以便更好地控制拉花的形成。

打奶泡时，选择质地厚实的不锈钢奶泡壶最为合适。因为不锈钢导热快，用手触碰可以感觉到温度，同时，不锈钢杯降温也快，已打热但尚未用完的牛奶，可以用冰块水帮助降温，再与不锈钢杯一起放入冰箱中冷藏，待牛奶温度降低冰凉后，还可再加温打奶泡，其耐热坚固的特性，既容易杀菌又易于清洗。

奶泡壶的大小，至少是能够容纳欲加热牛奶的两倍体积，因为如果容量不够大，打发的牛奶就会溢出，无法打出泡沫柔细的奶泡。由于奶泡壶的种类很多，初学者很难弄清楚长嘴、短嘴的壶都是怎么用、什么时候用的。其实长嘴拉花壶比较适用于拉细花，层次

非常明显，它的好处是容易控制流量不会导致最后冲拉奶泡"哗啦"一下覆盖整杯咖啡。短嘴壶适用于拉双叶、千层心、单叶、小动物等图案。

由于奶泡壶的大小不一样，有700毫升、600毫升和300毫升，做单杯卡布其诺时，大多使用300毫升奶泡壶。

盎司杯

盎司杯是呈漏斗状的不锈钢量杯，可以用来量糖浆。

常见的型号有三种：14毫升/28毫升；25毫升/42毫升；28毫升/56毫升。

勺子

勺子用来挖奶泡和一些其他食材，比较方便。

雕花棒

雕花棒一头是尖的、一头是宽的，尖头可以用来裱画表情中线条的部分，宽头处可以用来挑奶泡，包括一些小奶泡等，用于小细节处。雕花棒长度和笔差不多，主要看自己的手感需要，再细一些的纹路可以使用牙签来勾勒。

咖啡杯

咖啡杯的选购也很有讲究，其挑选原则为：

- 咖啡液的颜色呈琥珀色，且清澈，最好选用内部白色的咖啡杯；
- 陶器杯子比较适合深色且口味浓郁的咖啡；
- 瓷器杯子适用于口感较清淡的咖啡；
- 喝意大利咖啡一般使用100毫升以下的小咖啡杯；
- 喝牛奶含量较高的咖啡（拿铁、法国牛奶咖啡），则多使用没有杯托的马克杯。

除杯子外观外，还要注意是否顺手，在相同质量下以挑选重量轻的为宜(较轻的杯子，质地比较细密，不易使咖啡垢附于杯面上）。

通常，为了留存咖啡的浓郁香醇，减少温度下降，咖啡杯口较狭窄，杯身较厚。在众多咖啡杯品种中骨瓷杯最好，骨瓷杯使用高级瓷土混合动物骨粉烧制而成，质地轻盈、色泽柔和，而且保温性高，最能留住咖啡的温热记忆。

在倒入咖啡前最好要温杯。刚出炉的沸腾咖啡，一旦倒入冰冷的杯子里，温度骤然降低，香味会大打折扣，因此要把咖啡装在温度恰好的杯子里。在自家温杯，最简单的方式是直接冲入热水，或放入烘碗机预先温热。如果同时招待一桌客人，则可烧一锅水，将所有杯子一起浸入。

| 材料 |

咖啡豆

早期，阿拉伯人食用咖啡的方式是将整颗果实（Coffee Cherry）咀嚼，以吸取其汁液。后来，他们将磨碎的咖啡豆与动物的脂肪混合，作为长途旅行的体力补充剂。一直到约公元1000年时，绿色的咖啡豆才被拿来在滚水中煮沸成为芳香的饮料。又过了三个世纪，阿拉伯人开始烘焙及研磨咖啡豆，由于《古兰经》中严禁喝酒，使得阿拉伯人消费大量的咖啡，因而宗教其实也是促使咖啡在阿拉伯世界广泛流行的一个很大的因素。

全脂牛奶

全脂奶的脂肪含量为3.0%，半脱脂奶的脂肪含量大约为1.5%，全脱脂奶的脂肪含量低至0.5%。国外有一种"浓厚奶"，脂肪含量可高达4.0%以上。

从补钙的角度来说，全脂奶，即我们常见的普通牛奶，蛋白质含量约为3%，脂肪含量约为3%，钙含量约为120毫克/100毫升，且含有脂溶性维生素K、维生素A、维生素E等，是补钙的最佳食品之一。担心肥胖的人总觉得应该选择脱脂奶，其实，牛奶中含有多种脂溶性维生素，溶于牛奶的脂肪中，脱脂的同时这些维生素也随之丢失了。此外，牛奶的香气也来自于脂肪中的挥发成分，没有脂肪，牛奶就没有香味。所以，如果给老人选牛奶，不妨选用半脱脂奶；如果是孩子就一定选用全脂牛奶。

制作咖啡时，需要用牛奶打奶泡，最佳选择是全脂牛奶，脂肪含量要超过3.0%，这样打出的奶泡，才会比较细腻持久。

淡奶油

淡奶油是从全脂奶中分离得到的。分离的过程中，牛奶中的脂肪因相对密度的不同，质量轻的脂肪球就会浮在上层，成为奶油。奶油中的脂肪含量仅为全脂牛奶的20%～30%，营养价值介于全脂牛奶和黄油之间，可用来添加在咖啡和茶中，也可用来制作甜点和糖果。

巧克力酱/巧克力糖浆

巧克力酱（Chocolate Cream）是以可可粉和牛奶等为主要原料，加工制作而成的一种美味甜品。它既可以作为甜品食用，也可以作为面包的调味酱来使用，还可以挤在奶泡上。巧克力糖浆可以挤入杯中，用来给咖啡调味。

果味糖浆

糖浆是通过煮或其他技术制成的黏稠的、含高浓度糖的溶液。制作糖浆的原材料可以是糖水、甘蔗汁、果汁或其他植物汁等。由于糖浆含糖量非常高，在密封状态下不需要冷藏也可以保存比较长的时间。糖浆可以用来调制饮料或者做甜食。

这里的糖浆有特别多的口味，除了常见的樱桃、草莓、苹果、西瓜等口味，还有很多其他的味道，如榛子味、焦糖味、樱花味、薰衣草味等。丰富的糖浆口味，可以制作出很多口味的咖啡和酒。

棉花糖

棉花糖是一种柔软黏糯，有胶体性和弹性，含水分10%～20%、还原糖20%～30%的软性糖果。棉花糖的口味繁多，有草莓、甜橙、葡萄、香蕉、菠萝、薄荷、蓝莓等多种口味，五颜六色，十分美观。食用时口感疏松，不粘牙。由于甜度较低，适合休息时或饭后食用。可以用来为咖啡装饰和调味。棉花糖有很多的形状和颜色，有圆柱形、心形、花形和卡通形状等。可以把棉花糖剪成喜欢的形状，还可以在棉花糖上挤上糖膏，组合成各种图案。

饼干

饼干的种类很多，有各种不同形状、颜色和味道，例如奥利奥饼干、蛋黄煎饼、蛋白饼和马卡龙等，可以在这些饼干上挤上或放上一些翻糖等装饰物，使这些饼干看起来更好、更特别。

装饰材料

打发奶油

打发好的奶油可以直接挤在咖啡的表面。

1. 把淡奶油倒入搅拌缸中，开机打发。

2. 边打发边搅拌，搅拌要细腻。

3. 打发至鸡尾状，有个尖即可。

打发牛奶奶泡

方法：

1. 将冷牛奶装入拉花杯里（不可将牛奶加热）。拉花杯也必须使用冷的，才能从相同的温度开始制作奶泡。

2. 先将蒸汽管前端固定于牛奶表面，让空气进入。以温度7～38℃打出细密泡沫为目标（牛奶量会增加1.3～1.5倍），至38℃后，将蒸汽管沉入牛奶中，固定位置后继续回转搅拌牛奶，使其产生泡沫。

3. 温度至58～65℃后即可停止（超过此温度牛奶会失去甜度）。用勺子挖起时为流畅细腻的奶泡即可。

打发结果判断：

● 好的奶泡：打发好的奶泡要用于制作3D咖啡的话，奶泡要稍微放久一些，这样奶泡可以立起来，容易用来制作3D咖啡。

● 粗的奶泡：泡沫颗粒浮起，松散无光泽感，奶泡气孔太大，不宜制作3D咖啡，而且这样的奶泡不好看，也不好在其表面裱画，太粗的奶泡容易消泡，消泡的速度也特别的快。

● 太稀的奶泡：奶泡太稀无法制作3D咖啡，因为奶泡根本立不起来。奶泡太稀的主要原因是打发不到位。

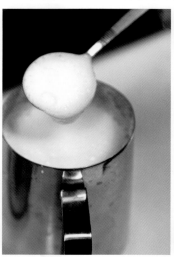

马卡龙装饰件

材料：

杏仁粉50g、糖粉45g、蛋白45g、白砂糖50g、绵白糖35g

建议：

1. 搅拌蛋白时容器中不能有油、蛋黄和过多的水分，以及含油脂的粉类。
2. 粉类过筛可以让产品的外观更好。
3. 混合时必须用刮板或橡皮刮刀。
4. 蛋白要冷藏保存，这样打发的效果好。
5. 烘烤的温度和时间要根据产品的大小而定。

制作过程:

1. 先将杏仁粉和糖粉分别过筛。

2. 再将步骤1混合拌匀备用。

3. 然后将白砂糖和蛋白放在搅拌桶中。

4. 将步骤3先慢速拌匀,再用快速搅拌打发至尖峰状,约需6分钟。

5. 再在步骤4中加入绵白糖快速打发约5分钟。

6. 接着在步骤5中加入步骤2的混合粉,用橡皮刮刀混合拌匀。

7. 取一部分步骤6分别调出所需的颜色备用。

8. 在铺有高温布的烤盘中挤出熊宝宝的形状。

9. 放入事先预热上下火170/120℃的烤箱中烘烤,约烤20分钟。

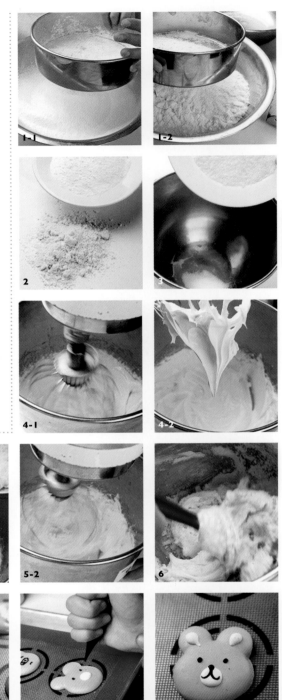

翻糖片装饰件

可以把自己喜欢的图片画出来，再用糖霜挤上喜欢的图案，糖霜的颜色可以根据喜好来调配，糖片晾干后，可以粘在马卡龙上，还可以粘在饼干上。

制作过程：

1. 把小鹿的图案用笔画在纸上，将玻璃纸覆盖在图案上，用稍硬点的糖霜沿着图案的边缘挤上线条。
2. 等线条干了以后，再填上稀一点的糖霜，先填上红色蝴蝶结的部分。
3. 接着用黑色的稀糖霜填挤上整个小鹿头，再用白色稀糖霜挤上项链。
4. 最后把糖片晾干，晾干后把糖片粘在马卡龙上。

翻糖装饰件

可以把糖膏调成自己喜欢的颜色，压出喜欢的形状，例如小熊、花、贝壳等。把晾干的糖膏装饰在饼干、马卡龙等上，也可以直接卡在杯子口处。

制作过程：

1. 在模具中涂抹上白油，把揉软的糖膏塞入模具中，压平压紧实。
2. 接着用手抵着模具，把糖膏推出来，晾干。
3. 待糖膏晾干后，用小毛笔沾上颜色在上面画出自己喜欢的颜色。
4. 小熊的糖膏上完颜色后，再用糖霜挤上眼睛、鼻子和嘴巴。
5. 也可以用稍硬些的糖霜在马卡龙上挤上自己喜欢的字母。
6. 再把小熊糖膏直接装饰在马卡龙上。

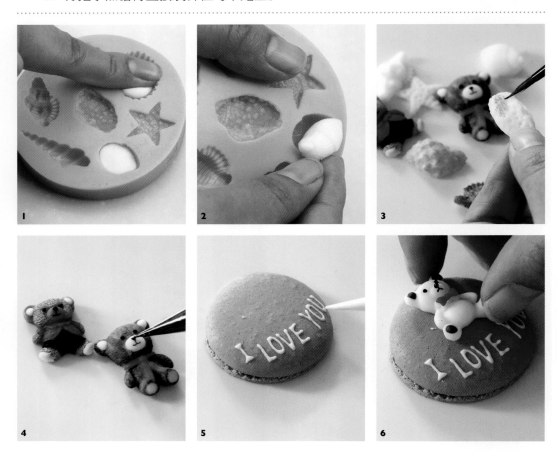

翻糖花装饰件

小花的形状有很多种，可以做很多的颜色和造型。除了可以粘在蛋白饼上，还可以粘在饼干和马卡龙等上面。小花也可以直接放在咖啡的表面，直接用于装饰。

制作过程：

1. 把调好的糖膏揉软，用擀面杖将其擀开，擀成一张薄皮糖膏。
2. 用自己需要的花压模，压出一朵朵小花。
3. 把压好的小花放在海绵垫上，用圆头棒从花的中间向下压，把花压出深度。
4. 待干了以后，在中间挤上花心的部分。
5. 在小花的底部挤上糖霜，方便粘连。
6. 把底部挤有糖霜的小花，粘在蛋白饼上即可。

棉花糖装饰件

棉花糖可以剪成自己喜欢和需要的形状，再用糖霜把棉花糖裱画成喜欢的图案即可。

制作过程：

1. 将糖霜调成自己喜欢的颜色，再把这糖霜挤在棉花糖上。
2. 可以在棉花糖上挤出自己喜欢的形状，例如挤成小花的形状等。

 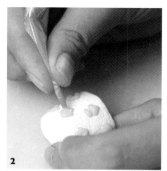

实践篇

她现在很喜欢喝咖啡，

每天都是好几杯、好几杯的喝，

尽管他告诉她咖啡刺激胃，

但是她戒不掉了，

喝咖啡的时候她会记起一些他说过的话，

慢慢品位其中的味道，然后微笑。

浮雕3D咖啡

1. 用勺子挖取打好的奶泡，放在杯子最中间位置，形成一个圆形。

2. 再用雕花棒宽的一头挑上奶泡，在圆形奶泡的前后两端放上尾巴和脖子。

3. 接着用雕花棒宽头沾上奶泡，在立体奶泡两边放上鸡翅膀。

4. 用雕花棒尖的一头沾上咖啡液，画出翅膀和尾巴的纹路。

5. 用雕花棒再沾上奶泡点上嘴巴。

6. 最后沾上咖啡液画出眼睛和嘴巴即可。

河马

1. 先在杯中晃出纹路，用勺子挖取打好的奶泡，放在杯子最前端。

2. 再用小勺子挖上奶泡，在两边放上耳朵，把嘴巴向杯子外围下方放一些。

3. 接着用雕花棒尖头沾上咖啡液，在杯子边缘处的奶泡上点上鼻孔。

4. 用雕花棒尖的一头沾上咖啡液，画出耳朵的轮廓和眼睛。

5. 再沾上咖啡液画上尾巴的纹路。

6. 最后再挑上奶泡点上脚即可。

脚印

1. 把打好的奶泡装进裱花袋中，先在杯子中确定一下位置。

2. 接着挤上脚印，要有厚度，挤上四个小圆和一个大圆。

3. 最后在最大的圆中间用咖啡液画上一个圆圈即可。

帽子

1. 用勺子挖取奶泡，放在杯子的中间。

2. 再用雕花棒修饰一下这个圆，使其平滑。

3. 接着用雕花棒尖头的部分沾上咖啡液，围着圆底部画上一圈。

4. 最后再画上蝴蝶结即可。

1. 把奶泡装入裱花袋中，先在咖啡杯中挤上蝴蝶结。
2. 接着用奶泡挤上脑袋和耳朵。
3. 然后用雕花棒尖头沾上咖啡液，画出耳朵的轮廓。
4. 再画上鼻子、眼睛和嘴巴。
5. 最后沿着边缘画上一圈花纹即可。

懒洋洋的
老虎

1

2

3

4

5

1. 用勺子挖取打好的奶泡，在杯子中挖放上奶泡，先放上身体、再放上头部。

2. 再用雕花棒宽的一头挑上奶泡，在尾端放上尾巴，在头部放上耳朵和嘴巴。

3. 接着用雕花棒尖头沾上咖啡液，画出耳朵的轮廓、眼睛和鼻子。

4. 用雕花棒尖的一头沾上咖啡液，画出嘴巴和胡须。

5. 用雕花棒沾上咖啡液画出老虎身上的纹路。

小狗

| 1 | 2 | 3 |
| 4 | 5 | 6 |

1. 用勺子挖取打好的奶泡，在杯子中挖放上奶泡，先放上身体、再放上头部。

2. 再用雕花棒宽的一头挑上奶泡，在头部放上耳朵，在身体两边放上四个爪子。

3. 接着用雕花棒宽头沾上咖啡液，画出尾巴。

4. 用雕花棒的尖头沾上咖啡液，涂画出耳朵。

5. 接着再用雕花棒尖头沾上咖啡液，点画出眼睛和鼻子。

6. 最后沾上咖啡液画出爪子的纹路即可。

小牛

1. 用勺子挖取打好的奶泡，放到杯子的中间，放上两个椭圆形，一大一小挨在一起。

2. 再用雕花棒宽头的一处，挑上奶泡沾放在两个椭圆形的奶泡交接处，放上耳朵。

3. 用雕花棒尖头沾上咖啡液点上眼睛。

4. 接着再沾上咖啡液点上鼻子和嘴巴。

5. 最后画上耳朵的轮廓即可。

撒娇猫咪

1. 用勺子挖取打好的奶泡，放在杯子中，先放上身体、再放上头部。

2. 用雕花棒宽的一头挑上奶泡，在尾端放上尾巴，在头部放上耳朵。

3. 接着用雕花棒尖头沾上咖啡液，画出耳朵的轮廓。

4. 再用雕花棒尖头沾上咖啡液，画出眼睛和鼻子。

5. 用雕花棒尖头沾上咖啡液画出胡须。

6. 最后沾上咖啡液画出尾巴的纹路即可。

1. 在整个杯子的表面，放上大量的奶泡，填满整个杯子的表面。

2. 在奶泡的中间再放上一个小圆球。

3. 在小圆球的边缘，用雕花棒沾上咖啡液画上一圈纹路。

4. 纹路要一根一根的，密集一些，形成狮子的毛发。

5. 接着再在小圆球上画上狮子的表情。

6. 最后用雕花棒的宽头沾上奶泡点画出狮子的耳朵。

无聊的猫咪

1

2

3

4

5

6

7

1. 用勺子挖取奶泡放在咖啡的表面，形成猫的身体和长长的脖子。

2. 再用勺子挖取奶泡，画出猫的腿。

3. 用雕花棒的尖头沾上奶泡，画出猫的尾巴。

4. 用雕花棒的宽头沾上咖啡液，在猫身体上画上纹路。

5. 接着用勺子挖上奶泡，在脖子的最前端放上头部。

6. 沾上咖啡液画出耳朵和表情。

7. 最后画出猫胡子，点上眼睛即可。

小丑

1. 用勺子挖取打好的奶泡，放到杯子的中间，形成一个椭圆形。

2. 用雕花棒的宽头挑上奶泡沾放在椭圆形的一头，沾成一个个点的形状。

3. 在另外一头挑放上奶泡，形成衣领的形状，用雕花棒的尖头沾上咖啡液画上纹路。

4. 接着再沾上咖啡液画出眉毛和眼睛。

5. 然后画上鼻子。

6. 最后画上嘴巴即可。

小太阳

1. 在杯子的中间挖放上奶泡，略微大一些。

2. 再在这个圆的上面放上一个略微小一些的圆奶泡。

3. 用小勺子挖取奶泡，在大圆形奶泡的一圈沾拉出一个个小尖。

4. 用勺子把上面的小圆奶泡修饰一下。

5. 用雕花棒的尖头沾上咖啡液，画上一圈纹路。

6. 最后再点上眼睛、鼻子和嘴巴即可。

小星星

1. 在杯子的中间挖放上奶泡，略微大一些。

2. 再用勺子挖取奶泡，沿着奶泡的一圈拉出尖来。

3. 一共拉出五个尖，把奶泡的表面修饰一下。

4. 用雕花棒尖头沾上咖啡液，画出星星的轮廓。

5. 接着再画上星星的五官表情。

6. 最后在边缘处画出纹路即可。

鱼骨

1. 用勺子挖取奶泡，在杯子的中间放上一个长线条。

2. 再沿着中间这个长线条向两边挖放上奶泡，形成一条一条的鱼骨，长短不一。

3. 接着挖放上鱼尾和鱼头。

4. 再用雕花棒的尖头修饰一下鱼头和鱼尾。

5. 最后点画上鱼眼睛和鱼尾的纹路即可。

1. 在杯子的一端放上奶泡，形成鱼的头部。

2. 再用勺子挖取奶泡，放在另一端形成鱼尾。

3. 用雕花棒沾上奶泡，在鱼头前端放上鱼翅。

4. 接着用雕花棒的尖头沾上咖啡液，画出嘴巴和眼睛。

5. 最后用雕花棒沾上咖啡液画出尾巴的纹路。

维尼熊

1. 在整个杯子的表面，挖放上奶泡，形成熊头，用小勺子挖取奶泡拉放出嘴巴。

2. 再用雕花棒的宽头挑上奶泡，在脸部两边放出腮部。

3. 在中间处用雕花棒沾上咖啡液点画出耳朵、眼睛、鼻子和嘴巴。

4. 最后用雕花棒挑上奶泡在头部下方放上衣领。

立体3D咖啡

1. 用勺子挖取打好的奶泡，放在杯子的中间。

2. 接着在上方挖放上一勺奶泡，让奶泡呈现立体的状态。

3. 再用雕花棒的宽头挑上奶泡，在两边画上耳朵的轮廓。

4. 用雕花棒的尖头沾上咖啡液，画出猫耳朵的纹路。

5. 再沾上咖啡液点画上眼睛、鼻子和胡须。

6. 最后沾上咖啡液画出衣服即可。

1. 把硬的奶泡用勺子挖放在杯子的中间处，形成一个有点方的形状。

2. 再用雕花棒的宽头挑上奶泡，沾出耳朵。

3. 用雕花棒的尖头沾上咖啡液，把耳朵涂上咖啡液，画出嘴和尖尖的牙齿。

4. 最后点画上眼睛，在边缘处用雕花棒尖头画出纹路即可。

小狗

1. 把硬的奶泡用勺子挖放在杯子的中间，形成一个圆锥的形状。

2. 再用雕花棒的宽头挑上奶泡，在后面沾出小尾巴。

3. 用雕花棒的尖头沾上咖啡液，在奶泡上画出小狗的表情和蝴蝶结。

爱心宠物

1. 用勺子挖取打好的奶泡，放在杯子中间。

2. 再用雕花棒的宽头挑上奶泡，在立体奶泡的两边放上耳朵。

3. 接着用雕花棒的尖头沾上咖啡液涂画出耳朵。

4. 用雕花棒的尖头沾上咖啡液，画出卡通的眼睛轮廓和鼻子。

5. 再沾上咖啡液画上牙齿。

6. 最后用巧克力酱在眼睛上挤上心形即可。

1. 把咖啡倒入杯中至八分满，用雕花棒的宽头沾上奶泡，从杯子的中间向杯子的边缘拉动。

2. 一共拉画出八条腿，再在中间放上脑袋的部分。

3. 在八爪鱼的头部，用雕花棒的尖头沾上咖啡液点上眼睛。

4. 再沾上奶泡点在眼睛的部分，使眼睛更有立体感。

5. 最后画上嘴巴即可。

1. 先在杯中用奶泡倒出一个圆，用雕花棒先画出衣服的纹路。

2. 接着用勺子挖上硬的奶泡，放在杯子中间。

3. 再用雕花棒挑上奶泡在头部的两侧点上耳朵。

4. 用雕花棒沾上咖啡液在圆球的顶部画出头发的纹路。

5. 最后再画上面部表情即可。

大象

1. 用勺子挖取打好的奶泡，放在杯子中间。

2. 再用雕花棒的宽头挑上奶泡，在立体奶泡的中间放上大象的鼻子，一直拖到杯子边缘。

3. 接着用雕花棒的尖头沾上奶泡，在立体奶泡顶部两边放上耳朵。

4. 用雕花棒的尖头沾上咖啡液，画出大象耳朵的轮廓。

5. 再沾上咖啡液画上大象的眼睛和鼻子的纹路。

6. 最后再画上大象的脚即可。

大眼猫

1. 用勺子挖取奶泡，轻轻地放在杯子的中间。

2. 再用小勺子挖取奶泡，在杯中奶泡的两边，沾拉出耳朵。

3. 用雕花棒沾上咖啡液，先画出猫耳朵的轮廓。

4. 接着点上猫眼睛。

5. 再沾上咖啡液画上鼻子。

6. 最后画上小爪子即可。

1. 用勺子挖取奶泡，勺子呈垂直的状态，把奶泡放在杯子的中间。

2. 在这个立体的奶泡上画出眼睛的轮廓。

3. 用雕花棒的尖头沾上咖啡液，画出嘴巴。

4. 接着再用雕花棒尖头沾上咖啡液，画出牙齿。

5. 最后再点上眼睛。

憤怒的小鸟

1. 用勺子挖取奶泡，勺子呈垂直的状态，把奶泡放在杯子的中间。

2. 在这个立体奶泡的两边，用雕花棒的宽头挑上奶泡放在顶部。

3. 用雕花棒尖头处沾上咖啡液，画出粗粗的眉毛。

4. 接着再用雕花棒尖头沾上咖啡液，画上眼睛。

5. 最后画上嘴巴和鼻子即可。

1. 用勺子挖取打好的奶泡，放在杯子的中间。

2. 再用小勺子挖取奶泡，在立体奶泡的两边放上耳朵。

3. 接着在头部的前面放上奶泡，形成一个小杯子的形状。

4. 用雕花棒的尖头沾上咖啡液涂画出耳朵的轮廓。

5. 用雕花棒的尖头沾上咖啡液，画出猫咪的眼睛和嘴巴。

6. 最后沾上咖啡液点画修饰小爪子、咖啡杯和猫咪的胡须。

灰太狼

1. 用勺子挖取打好的奶泡，放在杯子的中间。

2. 再用雕花棒的宽头挑上奶泡，在立体奶泡的两边放上耳朵。

3. 接着用雕花棒的尖头沾上咖啡液画出耳朵的轮廓。

4. 用雕花棒的尖头沾上咖啡液，画出灰太狼的眼睛、鼻子和嘴巴。

5. 沾上咖啡液画上头部的花纹。

6. 最后在头部两侧点上奶泡作为爪子。

1. 用勺子挖取奶泡，勺子呈垂直的状态，把奶泡放在杯子的中间。

2. 在立体奶泡的正面用雕花棒的尖头沾上咖啡液画出脸的轮廓。

3. 用雕花棒尖头沾上咖啡液，沿着立体奶泡的底部画上一个圈和小铃铛。

4. 接着再用雕花棒尖头沾上咖啡液，画出眼睛。

5. 最后画上鼻子、嘴巴和小胡子。

卷卷发

1. 把最硬的奶泡装入裱花袋中，先在咖啡杯中挤上一个圆球。

2. 再在圆球的表面挤上一个个小球。

3. 接着用雕花棒的尖头沾上咖啡液画出眼睛。

4. 再画上脸颊。

5. 最后画上嘴巴即可。

卡通头

1

2

3

4

5

1. 用勺子挖取奶泡，放在杯子的中间。

2. 在立体奶泡的顶端，用雕花棒的宽头挑上奶泡放上去。

3. 再用雕花棒的尖头沾上咖啡液点上眼睛。

4. 接着再用雕花棒尖头沾上奶泡，点在眼睛处，使眼睛有立体感。

5. 最后再画上鼻子和嘴巴即可。

1. 用勺子挖取打好的奶泡，放在杯子的中间。

2. 再用雕花棒的宽头挑上奶泡，在立体奶泡的两边放上耳朵。

3. 接着在两个耳朵的中间再放上帽子。

4. 用雕花棒的尖头沾上咖啡液，画出小熊耳朵的纹路。

5. 再沾上咖啡液点画出小熊帽子和眼睛。

6. 最后沾上咖啡液画出小熊的鼻子即可。

1. 用勺子挖取奶泡，放在杯子的中间。

2. 在立体奶泡的上面再挖放上奶泡，形成一个帽子的形状。

3. 用雕花棒沾上咖啡液，沿着帽子的边缘画上轮廓。

4. 接着画上卡通的眼睛。

5. 最后画出嘴巴，再挑上奶泡在脸的两边放上耳朵即可。

老虎

1. 用勺子挖取奶泡，勺子呈垂直的状态，把奶泡放在杯子的中间。

2. 在这个立体奶泡顶部的两边，用雕花棒的宽头挑上奶泡放在两边当耳朵。

3. 用雕花棒的尖头沾上咖啡液，沿着耳朵画出耳朵的轮廓。

4. 接着再用雕花棒的尖头沾上咖啡液，画出老虎头顶的纹路。

5. 再画出脸上的纹路。

6. 最后画上眼睛和嘴巴。

1. 用勺子挖取打好的奶泡，放在杯子最中间的位置。

2. 再用雕花棒的宽头挑上奶泡，在立体奶泡的两边放上耳朵。

3. 接着用雕花棒的尖头沾上咖啡液涂画出耳朵。

4. 用雕花棒的尖头沾上咖啡液，画出卡通的眼睛轮廓和鼻子。

5. 再沾上咖啡液画上牙齿。

6. 最后沾上咖啡液点画出眼球即可。

1. 用勺子挖取打好的奶泡，放在杯子的中间，接着在上方挖放上一勺奶泡，让奶泡呈现立体的状态。

2. 再用雕花棒的宽头挑上奶泡，在两边放上耳朵，在脸上放上腮部。

3. 在雕花棒的尖头沾上咖啡液，画出耳朵的纹路。

4. 再沾上咖啡液点画上眼睛、鼻子和嘴巴。

5. 最后沾上咖啡液画出小爪子即可。

落水小猫

1. 用勺子挖取奶泡，勺子呈垂直的状态，把奶泡放在杯子的中间。

2. 用雕花棒的宽头挑上奶泡放在立体奶泡的两边当小手。

3. 用雕花棒的宽头沾上奶泡，在立体奶泡顶部放上耳朵。

4. 接着再用雕花棒尖头沾上咖啡液，点画出眼睛。

5. 最后画上鼻子和嘴巴。

1. 用勺子挖取奶泡，勺子呈垂直的状态，把奶泡放在杯子的中间。

2. 用雕花棒的宽头挑上奶泡放在立体奶泡两边，形成两只手。

3. 用雕花棒的尖头沾上咖啡液，点画出眼睛。

4. 接着再用雕花棒的尖头沾上咖啡液，画出嘴巴。

5. 最后再用雕花棒的尖头沾上奶泡，点上眼球，使眼睛更有立体感即可。

1. 用勺子挖取奶泡，放在杯子的中间。

2. 用雕花棒的尖头沾上咖啡液，在立体奶泡的上面画上脸的轮廓。

3. 用雕花棒沾上咖啡液，沿着脸轮廓的边缘画上头发和眼睛。

4. 接着画上鼻子和嘴巴。

5. 最后在帽子上画上纹路即可。

1. 用勺子挖取奶泡，勺子呈垂直的状态，把奶泡放在杯子的中间。

2. 在这个立体奶泡的顶端，用小勺子挖取奶泡画出两个长线条，形成头发。

3. 用雕花棒再挑上奶泡，放上耳朵。

4. 接着再用雕花棒的尖头沾上咖啡液，画出眼镜的轮廓。

5. 再画上鼻子和嘴巴。

6. 最后再在头发和眼镜的部分挤上巧克力酱。

1. 用勺子挖取奶泡，放在杯子的中间。

2. 在立体奶泡的上面再挖放上奶泡，形成一个帽子的形状。

3. 用雕花棒沾上咖啡液，沿着帽子的边缘画上头发。

4. 接着画上卡通的眼睛。

5. 再画上鼻子、嘴巴和脸上的小疤。

6. 最后点上眼珠即可。

1. 在杯子的表面撒上可可粉，再挖取奶泡，放在杯子中间。

2. 在立体奶泡的一面，用雕花棒的宽头涂上咖啡液。

3. 咖啡液要涂满，正面的中间涂出一个尖。

4. 最后再画上眼睛和嘴巴即可。

圈圈熊

1. 在杯子中间倒入一个圆后，用勺子挖取打好的奶泡，放在杯子的边上。

2. 再用雕花棒的宽头挑上奶泡，在两边放上耳朵的轮廓。

3. 用雕花棒的宽头挑上奶泡，放在立体奶泡上，使嘴巴突出。

4. 再沾上咖啡液点画上眼睛和鼻子。

5. 最后挑上奶泡，在头部两边放上爪子即可。

圣诞宝宝

1. 用勺子挖取奶泡，放在杯子的中间。

2. 再在这个立体奶泡的基础上，挖放上一个小一点的奶泡。

3. 用雕花棒修饰一下奶泡，沿着上一个奶泡的边缘画上纹路。

4. 接着再用雕花棒尖头沾上咖啡液，点上眼睛。

5. 再画上鼻子。

6. 最后画上嘴巴和小脸蛋即可。

水手鸭

1. 用勺子挖取奶泡，放在杯子的中间。

2. 在立体奶泡的上面再放上奶泡，形成一个帽子的形状。

3. 用雕花棒沾上咖啡液，沿着帽子的边缘画上轮廓。

4. 接着再画上卡通脸的轮廓和眼睛。

5. 最后画上嘴巴。

海绵宝宝

1. 用勺子挖取奶泡，勺子呈垂直的状态，把奶泡放在杯子的中间。

2. 立体奶泡要歪一点，在奶泡的正面用雕花棒的尖头沾上咖啡液画出波纹脸轮廓。

3. 用雕花棒尖头沾上咖啡液，在底下画上衣领。

4. 接着再用雕花棒尖头沾上咖啡液，画出眼睛。

5. 最后画上鼻子和嘴巴，还有脸上的小圈圈即可。

1. 用勺子挖取奶泡，勺子呈垂直的状态，把奶泡放在杯子的中间。

2. 在这个立体奶泡的两边，用雕花棒的宽头挑上奶泡放在两边。

3. 用雕花棒尖头处沾上咖啡液，沿着耳朵画出耳朵的轮廓。

4. 接着再用雕花棒尖头沾上咖啡液，画出帽子的纹路。

5. 再画上眼睛。

6. 最后画上嘴巴和鼻子即可。

1. 用勺子挖取打好的奶泡，放在杯子的中间，接着再放上一层奶泡，再用小勺子挖上奶泡，在立体奶泡的两边放上耳朵。

2. 然后用雕花棒尖头沾上咖啡液，画出耳朵的轮廓。

3. 用雕花棒的尖头沾上咖啡液涂画出猴子的眼睛。

4. 再用雕花棒尖头沾上咖啡液，画出鼻子。

5. 最后画上嘴巴即可。

小孩

1. 用勺子挖取打好的奶泡，放在杯子的中间。

2. 接着在上方再挖放上一勺奶泡，让奶泡呈现立体的状态。

3. 再用雕花棒的宽头挑上奶泡，在两边放上耳朵和嘴巴。

4. 用雕花棒的尖头沾上咖啡液点上眼睛和鼻子。

5. 在雕花棒的尖头沾上咖啡液，画出耳朵的纹路和头发的纹路。

6. 最后沾上咖啡液画出衣服即可。

1. 用勺子挖取奶泡，放入杯子的中间，形成一个圆。

2. 接着用雕花棒的宽头挑上奶泡，放在圆形奶泡的一边。

3. 在没有沾上小点点的一边，用雕花棒的尖头沾上咖啡液，先画出脸部的轮廓。

4. 再点上眼睛和鼻子。

5. 最后再画上嘴巴和小胡须即可。

小狸猫

1. 用勺子挖取奶泡，放在杯子的中间。

2. 用雕花棒沾上奶泡，在立体奶泡的两边拉出尖。

3. 再挑上奶泡在顶部两边放上奶泡，形成耳朵。

4. 用雕花棒的尖头沾上咖啡液，画出耳朵的轮廓和眼睛。

5. 接着画出嘴巴。

6. 最后点上眼球和小胡子即可。

小猫

1. 用勺子挖取打好的奶泡，放在杯子的中间。

2. 再用雕花棒的宽头挑上奶泡，在立体奶泡的两边放上耳朵。

3. 接着用雕花棒的尖头沾上咖啡液涂画出耳朵的轮廓。

4. 用雕花棒的尖头沾上咖啡液，画出小猫的鼻子和嘴巴。

5. 再沾上咖啡液画上眼睛和小胡子。

6. 最后在小猫头的前面，沾上奶泡点出小爪子即可。

小兔子

1. 用勺子挖取打好的奶泡，放在杯子的中间。

2. 再用雕花棒的宽头挑上奶泡，在立体奶泡的两边放上耳朵。

3. 接着用雕花棒的尖头沾上咖啡液画出耳朵的轮廓和小爪子。

4. 用雕花棒的尖头沾上咖啡液，画出小兔子的鼻子和嘴巴。

5. 最后沾上咖啡液，点画出眼睛和小胡子即可。

1. 用勺子挖取打好的奶泡，放在杯子的中间。

2. 再用雕花棒的宽头挑上奶泡，在立体奶泡的两边放上耳朵。

3. 接着用雕花棒的宽头挑上奶泡，在头部的中间沾拉出嘴巴。

4. 用雕花棒的尖头沾上咖啡液，画出小熊耳朵的轮廓。

5. 再沾上咖啡液，点画上眼睛和鼻子。

6. 然后挑上奶泡，在头部两侧放上爪子。

7. 最后用勺子挖取奶泡，在小熊头的后面放上身体即可。

猩猩

1. 用勺子挖取奶泡，放在杯子的中间。

2. 用雕花棒的尖头沾上咖啡液，在立体奶泡的上面画上猩猩脸的轮廓。

3. 用雕花棒沾上咖啡液，沿着脸轮廓的边缘画上蝴蝶结。

4. 接着画上眼睛和鼻子。

5. 再画上猩猩的嘴巴。

6. 最后在其他地方画上纹路即可。

小羊

1. 用勺子挖取奶泡放在杯子中间，用雕花棒的宽头挑上奶泡放在立体奶泡两边当耳朵。

2. 用雕花棒的宽头挑上奶泡，在头顶处画出羊角。

3. 接着再用雕花棒的宽头挑上奶泡，在正面拉出嘴巴。

4. 再用巧克力酱在奶泡上挤出耳朵的轮廓、羊角的纹路和眼睛。

5. 最后画上嘴巴和鼻子即可。

樱桃小丸子

1. 用勺子挖取奶泡，勺子呈垂直的状态，把奶泡放在杯子的中间。

2. 用雕花棒的尖头沾上咖啡液，画出耳朵的轮廓和脸廓。

3. 接着再用雕花棒尖头沾上咖啡液，画出头发的纹路。

4. 再画上衣领。

5. 用雕花棒沾上咖啡液画上眼睛、嘴巴和鼻子。

6. 最后在头发上画上蝴蝶结即可。

熊宝宝

1. 用勺子挖取打好的奶泡，放在杯子的中间。

2. 再用小勺子挖取奶泡，在立体奶泡的两边放上大耳朵。

3. 接着用雕花棒的尖头沾上咖啡液，画出耳朵的轮廓和宝宝的脸廓。

4. 用雕花棒的尖头沾上咖啡液涂画出熊的眼睛、鼻子和嘴巴。

5. 最后用雕花棒的尖头沾上咖啡液，画出宝宝的面部表情。

多个立体3D咖啡

Love

1. 用勺子挖取奶泡，从杯子的最左边开始放上立体奶泡，一共放上四个即可。

2. 用巧克力酱在第一个立体奶泡上挤上第一个英文字母 "L"。

3. 再在第二个立体奶泡上挤上第二个字母 "O"。

4. 接着在第三个立体奶泡上挤上第三个字母 "V"。

5. 最后在第四个立体奶泡上挤上最后一个字母 "E"。

龙猫

1. 用勺子挖取奶泡，在杯子中间放上立体奶泡。
2. 先放上一个大的立体奶泡，再放上一个小的立体奶泡。
3. 用雕花棒的宽头挑上奶泡，在每个立体奶泡的顶部放上两个耳朵。
4. 用雕花棒的尖头沾上咖啡液，把大龙猫耳朵涂抹上咖啡液再画上表情。
5. 再用雕花棒的尖头沾上咖啡液，画出大龙猫身体上的纹路。
6. 最后给小的龙猫画上表情即可。

女孩与宠物

1. 用勺子挖取打好的奶泡，放在杯子的中间。

2. 再用雕花棒的宽头挑上奶泡，在立体奶泡的一边放上小宠物的部分。

3. 接着用雕花棒的尖头沾上咖啡液，画上女孩的头发和耳朵。

4. 用雕花棒的尖头沾上咖啡液，画出女孩的眼睛、眉毛和嘴巴。

5. 再沾上咖啡液在小宠物上点画上表情即可。

1. 用勺子挖取奶泡，在杯子中放上两个立体奶泡。

2. 用雕花棒的宽头挑上奶泡，在每个立体奶泡的顶部放上两个耳朵。

3. 用雕花棒的尖头沾上咖啡液，把耳朵涂抹上咖啡液。

4. 再用雕花棒的尖头沾上咖啡液，点上眼睛。

5. 接着再画上鼻子和嘴巴。

6. 最后给其中一只兔子画上蝴蝶结即可。

两只大熊

1. 用勺子挖取奶泡，在杯子中间放上立体奶泡。

2. 先放上一个立体奶泡，接着再放上一个立体奶泡，在两个立体奶泡上放上耳朵。

3. 用雕花棒的尖头沾上咖啡液，画出耳朵的轮廓。

4. 再用雕花棒的尖头沾上咖啡液，画上卡通的面部表情。

5. 最后给两个卡通小熊的眼睛点上奶泡和咖啡液，使眼睛更有立体感。

棉花糖3D咖啡

云朵

1. 在意式浓缩咖啡中，挖放上细腻的奶泡，形成一个大大的圆。

2. 再在杯中慢慢地倒入奶泡至满杯。

3. 用雕花棒的尖头沾上咖啡液，在奶泡咖啡的表面画上一个弧形。

4. 接着画上一条一条的弧形，形成彩虹的形状。

5. 最后在彩虹的两端各放上一个云朵棉花糖即可。

爱心熊

1. 用勺子挖上细腻的奶泡，放在意式浓缩咖啡中，形成圆形；再慢慢倒入奶泡，倒至满杯。

2. 接着在杯子的边缘处放上两个心形棉花糖。

3. 最后在中间放上一个小熊头棉花糖即可。

1. 在杯中倒入细腻的奶泡，倒入时要慢慢的与意式浓缩咖啡融合。

2. 用勺子挖取细腻的奶泡，放在意式浓缩咖啡中，形成圆形。

3. 用雕花棒的尖头从奶泡和咖啡的交接点开始向中间带出纹路。

4. 最后在中间放上一个大嘴猴棉花糖和两个心形棉花糖即可。

粉红兔子

1. 在杯中挖放上细腻的奶泡，形成一个圆，再倒入奶泡至满杯。

2. 用雕花棒的尖头从奶泡和咖啡的交接点画上一圈"S"形纹路。

3. 再沾上咖啡液画出兔子的身体。

4. 最后在身体的上方各放上一个兔子头棉花糖即可。

怪熊

1. 在意式浓缩咖啡中，挖放上细腻的奶泡，形成一个大大的圆。

2. 再慢慢倒入奶泡至满杯。

3. 最后在咖啡的表面放上怪熊棉花糖即可。

彩虹

1. 在意式浓缩咖啡中，挖放上细腻的奶泡，形成一个圆。

2. 再慢慢倒入奶泡至满杯。

3. 用雕花棒的尖头沾上咖啡液，在奶泡咖啡的表面画上彩虹的形状。

4. 接着在彩虹边上画上一朵白云。

5. 在咖啡与奶泡的交接处画上一圈圈的花纹。

6. 最后把英文"干杯"的棉花糖装饰在彩虹的下面即可。

花儿朵朵

1. 用勺子挖取细腻的奶泡，放在意式浓缩咖啡中，形成一个圆形。

2. 再慢慢倒入奶泡至满杯。

3. 把雕花棒的尖端沾上咖啡液，在奶泡咖啡的表面点上一朵一朵的小花。

4. 最后在咖啡表面放上裱有小花的棉花糖即可。

骷髅头

1. 用勺子挖取细腻的奶泡，放在意式浓缩咖啡中，形成圆形。

2. 再慢慢倒入奶泡至满杯。

3. 用雕花棒的尖头从奶泡和咖啡的交接点画出纹路。

4. 最后在中间放上一个骷髅头棉花糖即可。

太阳花

1. 用勺子挖取细腻的奶泡，放在意式浓缩咖啡中，形成一个圆形。

2. 再慢慢倒入奶泡至满杯。

3. 把棉花糖剪成一个个的半圆形，然后一个挨着一个的放在杯中，形成一个圆圈。

4. 最后在中间的空白处放上一个笑脸棉花糖即可。

1. 在意式浓缩咖啡中，挖放上细腻的奶泡，形成一个圆，接着在杯中慢慢倒入奶泡至满杯。

2. 最后把蛋糕棉花糖放在杯子的中间即可。

笑脸

1. 用勺子挖取细腻的奶泡，放在意式浓缩咖啡中，形成一个圆形。

2. 再慢慢倒入奶泡至满杯。

3. 用雕花棒的尖头沾上咖啡液，在杯子的中间点上圆点作为鼻子。

4. 接着在鼻子的上端两边各放上一个心形的棉花糖眼睛。

5. 最后在鼻子的下方中间处再放上一个棉花糖嘴巴即可。

维尼熊

1. 在杯中挖放上细腻的奶泡，形成一个圆。

2. 再慢慢地倒入细腻的奶泡。

3. 用雕花棒的尖头，从杯子的边缘处向中间带出纹路。

4. 接着以同样的手法画出纹路。

5. 最后在中间放上一个维尼熊棉花糖和两个心形棉花糖即可。

1. 用勺子挖上细腻的奶泡，放在意式浓缩咖啡中呈圆形，再慢慢倒入奶泡至满杯。

2. 用雕花棒的尖头从杯子的边缘一端开始左右划动。

3. 划动时呈"S"形，反复多次。

4. 最后在中间放上一个熊猫棉花糖即可。

小脚丫

1. 在意式浓缩咖啡中,挖放上细腻的奶泡,形成一个圆。

2. 再慢慢倒入奶泡至满杯。

3. 用雕花棒的尖头沾上咖啡液,在奶泡咖啡的表面画上多个小脚丫。

4. 最后把一对红色小脚丫棉花糖放在杯子的中间即可。

小蘑菇

1. 在意式浓缩咖啡中，挖放上细腻的奶泡，形成一个圆。

2. 再慢慢倒入奶泡至满杯。

3. 用雕花棒的尖头沾上咖啡液，在奶泡咖啡的一端拉上小草的纹路。

4. 最后把小蘑菇棉花糖放在杯子的中间即可。

翻糖3D咖啡

1. 将杯子倾斜，把细腻的奶泡倒入杯中，与意式浓缩咖啡融合。

2. 再轻轻地左右晃动钢杯，使杯中出现纹路。

3. 在形成一个圆后，提起钢杯，挨着这个圆再晃动上一个小圆。

4. 用雕花棒沾上奶泡，点画上熊的耳朵。

5. 接着再点上熊的眼睛、鼻子和嘴。

6. 最后把翻糖小熊放在杯子的边缘处即可。

蝴蝶女

1. 用勺子挖上细腻的奶泡，围着杯子的边缘转一圈，然后在杯子的一边再挖上奶泡。

2. 使咖啡液推向一边，形成一个弧形，再慢慢倒入奶泡至满杯。

3. 用雕花棒沾上咖啡液画出美女脸的轮廓。

4. 接着再沾上咖啡液画出脖子的线条。

5. 再画上嘴巴、一根眉毛和一只眼睛。

6. 最后在另一只眼睛的位置放上翻糖蝴蝶。

花美人

1. 用勺子挖取细腻的奶泡，围着杯子的边缘转一圈，使咖啡液形成如图的形状。

2. 再慢慢倒入细腻的奶泡至满杯。

3. 用雕花棒沾上咖啡液画出美女脸的轮廓。

4. 接着再沾上咖啡液画出眼睛、眉毛和嘴巴。

5. 最后在头发上和空白的奶泡上各放上一朵翻糖花。

1. 用勺子挖取细腻的奶泡，围着杯子的边缘转一圈，然后在杯子的一边挖放上奶泡。

2. 将咖啡液推向一边，形成一个弧形，再慢慢倒入奶泡至满杯。

3. 用雕花棒沾上咖啡液画出美女脸的轮廓。

4. 接着再沾上咖啡液画出眼睛、眉毛和鼻子。

5. 再画上嘴巴。

6. 最后在头发上放上一朵一朵的翻糖小花。

蓝花辫子
美女

1. 用勺子挖取细腻的奶泡，围着杯子的边缘转一圈，然后在杯子的一边挖上奶泡。

2. 使咖啡液推向一边，形成一个弧形，再慢慢倒入奶泡至满杯。

3. 用雕花棒沾上咖啡液画出美女脸的轮廓。

4. 接着再沾上咖啡液画出眼睛、鼻子和嘴巴。

5. 再画上耳坠和头发的波浪纹。

6. 最后在头发上放上翻糖花。

1. 用勺子挖取细腻的奶泡，围着杯子的边缘转一圈，使咖啡液形成一个需要的形状。

2. 再慢慢倒入细腻的奶泡至满杯。

3. 用雕花棒沾上咖啡液画出美女脸的轮廓。

4. 接着再沾上咖啡液画出眼睛、眉毛。

5. 再画上鼻子和嘴巴。

6. 最后在头发的一侧放上一朵翻糖花。

太阳花女

1. 用勺子挖取细腻的奶泡，围着杯子的边缘转一圈，然后在杯子的一边挖放上奶泡。

2. 将咖啡液推向一边，形成一个弧形，再慢慢倒入奶泡至满杯。

3. 用雕花棒沾上咖啡液画出美女脸的轮廓和脖子线条。

4. 接着再沾上咖啡液画出头发的纹路。

5. 再画上嘴巴和一只眼睛。

6. 最后在另一只眼睛的位置放上翻糖太阳花。

五瓣花美女

1. 用勺子挖取细腻的奶泡，围着杯子的边缘转一圈，然后在杯子的一边再挖放上奶泡。

2. 使咖啡液推向一边，形成一个需要的形状，再慢慢倒入奶泡至满杯。

3. 用雕花棒沾上咖啡液画出美女脸的轮廓和脖子线条。

4. 接着再沾上咖啡液画出眼睛、眉毛和嘴巴。

5. 最后在头发的一边放上翻糖花。

蛋白饼3D咖啡

小花

1. 在意式浓缩咖啡中放入香草糖浆，再倒入细腻的奶泡至满杯，在表面挤上打发好的淡奶油。

2. 在奶油的表面上挤上巧克力酱。

3. 最后装饰上沾有小花的蛋白饼即可。

小贝壳

1. 在意式浓缩咖啡中放入焦糖糖浆，再倒入细腻的奶泡至满杯。

2. 在咖啡的表面挤上打发好的淡奶油，如图绕着圈挤。

3. 在奶油的表面上挤上巧克力酱。

4. 最后装饰上沾有小贝壳的蛋白饼即可。

马卡龙3D咖啡

土著人

1

2

3

4

5

1. 在杯中先萃取上意式浓缩咖啡。

2. 接着在意式浓缩咖啡中挤上巧克力酱。

3. 把打好的奶泡慢慢地倒入杯中至八分满。

4. 再挤上打发好的淡奶油。

5. 最后装饰上土著人马卡龙即可。

小熊

1. 把牛奶和少量的樱桃糖浆倒入钢杯中，打发成奶泡。

2. 接着在意式浓缩咖啡中挤上樱桃糖浆，把打好的奶泡慢慢地倒入杯中至八分满。

3. 再挤上打发好的淡奶油。

4. 最后装饰上小熊马卡龙即可。

1. 把牛奶和少量的香蕉糖浆倒入钢杯中，打发成奶泡。

2. 把打好的奶泡慢慢地倒入意式浓缩咖啡中至八分满，再挤上打发好的淡奶油。

3. 最后装饰上杯子马卡龙即可。

奥利奥饼干3D咖啡

外星人

1. 把牛奶和少量的榛果糖浆倒入钢杯中，打发成奶泡。

2. 把打好的奶泡慢慢倒入意式浓缩咖啡中至八分满。

3. 接着再挤上打发好的淡奶油，挤满整杯。

4. 最后装饰上外星人奥利奥饼干即可。

蓝熊

1. 在杯中先倒入樱桃糖浆，再萃取上意式浓缩咖啡。

2. 把牛奶和少量的樱桃糖浆倒入钢杯中，打发成奶泡。

3. 把打好的奶泡慢慢地倒入意式浓缩咖啡中至八分满。

4. 接着再挤上打发好的淡奶油，挤满整杯。

5. 最后装饰上蓝熊奥利奥饼干即可。

干杯

1. 把牛奶和少量的玫瑰糖浆倒入钢杯中，打发成奶泡。

2. 把打好的奶泡慢慢倒入意式浓缩咖啡中至八分满。

3. 接着再挤上打发好的淡奶油。

4. 最后装饰上干杯奥利奥饼干即可。

玫瑰

1. 把牛奶和少量的玫瑰糖浆倒入钢杯中，打发成奶泡。

2. 把打好的奶泡慢慢地倒入意式浓缩咖啡中至八分满。

3. 接着再挤上打发好的淡奶油。

4. 最后装饰上玫瑰奥利奥饼干即可。